INSTRUCTION
SOMMAIRE

SUR

LES CAUSES ET LE TRAITEMENT

DE

LA DYSSENTERIE ÉPIDÉMIQUE

DANS L'ARRONDISSEMENT DE DINAN.

Par L.-F. BIGEON, Médecin des épidémies,

Imprimée par ordre de M. le Préfet des Côtes-du-Nord.

A DINAN,

Chez JEAN-BAPTISTE-TOUSSAINT-ROBERT HUART,
Imprimeur-Libraire.

1815.

INSTRUCTION SOMMAIRE

SUR

LES CAUSES ET LE TRAITEMENT

DE

LA DYSSENTERIE ÉPIDÉMIQUE

DANS L'ARRONDISSEMENT DE DINAN.

LA Dyssenterie est très-répandue dans plusieurs cantons de cet Arrondissement, et en dix jours le nombre des décès, dans quelques communes, excède celui que l'on y observe ordinairement pendant le cours d'une année. De toutes les affections épidémiques, cette maladie, sans être la plus dangereuse, est la plus meurtrière, parce que, n'attaquant pas d'abord le principe de la vie, souvent elle ne donne point aux malades d'assez vives inquiétudes pour qu'ils demandent des secours, avant qu'une altération profonde du canal alimentaire ait rendu impuissans les soins les mieux administrés. Gardons-nous donc également et d'une insouciance coupable, et d'un funeste découragement. Rappelons-nous que dans une épidémie, le salut de chacun dépend des secours que l'on se donne réciproquement, que le décès d'un malade, entraîne souvent la perte de plusieurs. Enfin méritons, en parcourant la carrière pénible qui nous est imposée, la plus pure, la plus précieuse des récompenses. Nous la trouverons, cette récompense, dans le souvenir que nous aurons su, en bravant la mort, lui arracher des victimes.

Des chaleurs prolongées pendant un été sec, déterminent vers la peau une circulation régulière et des pertes abondantes, qui, quoiqu'elles affoiblissent, altèrent rarement la santé. En Automne ces chaleurs, très-fortes pendant le jour, sont précédées et suivies d'un froid d'autant plus sensible, que l'on y est moins préparé; et, après les premières pluies, l'atmosphère est toujours humide dans les lieux bas. Pendant les orages, elle exerce sur nos corps une moindre pression, ce qui diminue la réaction vitale et permet la raréfaction de nos humeurs : enfin, la transpiration cesse ou se fait irrégulièrement. La suppression et l'irrégularité de cette évacuation, qui, dans la santé, équivaut en poids à la moitié des substances solides et liquides que nous prenons, déterminent une pléthore accidentelle, et l'absorption que l'on remarque dans les sujets dont la réaction vitale a peu d'énergie, altère leurs humeurs. Une sorte de dépuration, une crise devient alors nécessaire. Si la na-

ture ne peut porter au dehors le stimulant mor-
bifique qui l'opprime, une congestion ne tarde
pas à se former ; et cette congestion affecte souvent en Automne les intestins , qui sont ordinairement dans cette saison les organes les plus profondément affoiblis.

Les miasmes qui s'élèvent des marais et des corps
en putréfaction , un régime trop débilitant, des tra-
vaux excessifs disposent à cette maladie, et con-
courent à son développement ; mais la manière
dont elle se propage prouve qu'elle est éminem-
ment contagieuse ; et les succès presque constans
que l'on obtient , lorsque , pendant ses premières
périodes , on lui oppose un traitement méthodique,
ne permettent pas de douter que sa prompte et
funeste propagation dans les villages qui en sont
affectés , n'est due qu'à l'inexpérience des personnes qui entourent les premiers malades , dont
les émanations contagieuses ne sont profondément
altérées qu'à leurs derniers momens.

Ces notions sur les causes prochaines et éloi-
gnées de la dyssenterie sont des conséquences natu-
relles des observations physiologiques les mieux
démontrées. Les résultats que vous obtiendrez, en
faisant suivre avec exactitude le traitement que
d'après ces principes , j'ai cru devoir adopter , vous
prouveront, si vous les comparez à ceux déjà
obtenus par une méthode essentiellement différente ,

que la médecine ne peut être vraiment utile, si elle n'est fondée sur la connoissance de l'organisme de nos fonctions; mais qu'elle ne tarde pas à triompher des épidémies les plus funestes, lorsque tous les soins qu'elle indique tendent à s'opposer à la contagion et à favoriser les crises que prépare la nature. (1)

Des frissons irréguliers, un mal-aise général, des douleurs vagues, des chaleurs, spécialement vers les reins et au-dessous de l'estomac, quelques coliques, la constipation ou de fréquentes envies d'aller à la selle, accompagnées de douleurs au fondement, précèdent la dyssenterie; et quand cette maladie est très-répandue, ils l'annoncent, lors même qu'ils ne sont pas tous réunis. Si les malades alors se réduisent à la moitié des nourritures qu'ils

---

(1) « C'est, dit le Professeur Pinel, *Méd. cliniq.* page 437, la méthode expectante qui assure la pleine et entière guérison des dyssenteries, dans leur état simple, après un temps déterminé, tandis que des méthodes perturbatrices et inconsidérées les perpétuent; dans leurs complications avec la fièvre adynamique ou ataxique, il faut user de toutes les ressources de la médecine agissante. » Il oppose à ces complications des vésicatoires, des boissons amères et camphrées.

Dans un mémoire sur les évacuans, imprimé en 1812, j'ai prouvé par des faits nombreux et incontestables, que l'abus de ces remèdes est la cause la plus puissante de la destruction prématurée des peuples civilisés; et chaque jour de nouvelles observations ajoutent à la conviction que j'en avois

pourroient prendre ; s'ils s'abstiennent de fruits, de laitage, de viandes salées ; s'ils boivent peu de cidre ; s'ils prennent quelques lavemens de son, de guimauves ou de graines de lin ; s'ils s'appliquent sur le ventre un morceau d'étoffe de laine ou de coton très-épais ; si lorsqu'ils sont levés, ils doublent les vêtemens dont ils se couvroient ; s'ils se font sur tout le corps des frictions répétées ; si , par l'application de quelques stimulans , par exemple le cresson pilé avec du vinaigre , ils rappellent l'affection catarrhale vers les parties extérieures, où souvent elle avoit paru vouloir se fixer ; pour l'ordinaire, les accidens dont je viens de parler se dissipent en peu de jours.

Si , ayant négligé ces moyens préservatifs , ou si , ayant des rapports très-fréquens avec des dyssenteriques , on n'a pu prévenir cette maladie , que des douleurs plus ou moins aiguës, des envies fréquentes

---

acquise. A Dinan, dont la population, depuis dix ans, s'est accrue d'environ 500 ames , le nombre des décès est toujours décroissant, et toutes choses égales , année commune, moindre de près d'un tiers qu'il ne fut pendant les dix années qui précédèrent l'épidémie de l'an 12 , époque à laquelle j'exposai les bases d'une médecine physiologique. Le nécrologe des autres communes de l'arrondissement ne prouve pas moins en faveur de la doctrine que j'ai publiée, et ne permet pas de douter de la proposition que j'ai depuis long-temps avancée , savoir : que le nombre des décès , dans la plupart des villes , seroit réduit de plus de moitié, si des médecins judicieux y donnoient des soins à tous les malades.

d'aller à la selle, des déjections muqueuses, san-
guinolentes, des nausées, quelquefois des vomis-
semens et de la fièvre ne permettent plus de mé-
connoître, il ne faut point attendre que des accidens plus graves encore annoncent une désor-
ganisation très-avancée et presque toujours incu-
rable du canal alimentaire. Que les malades pren--
nent plusieurs fois par jour des demi-lavemens, si
l'irritation qu'ils causent au fondement n'est point
excessive ; qu'ils restent au lit, et que sans y pro-
voquer la sueur, toutes les parties du corps soient
également couvertes ; qu'ils s'interdisent les nourritures solides, auxquelles on suppléera par la décoction blanche ou des bouillons légers. Si les
douleurs sont très-vives, on ajoutera à l'eau de
riz, quelques calmans, la fleur de coquelicot, par
exemple, que l'on pourra aussi faire entrer dans
les lavemens. Si, ce que l'on observe souvent, les
urines coulent avec difficulté, les boissons seront
rendues apéritives, en y ajqutant quelques grains
de nître, de la pariétaire ou du chiendent. Les vers
étant une complication très - fréquente et dangereuse dans cette maladie, on leur opposera la
mousse de Corse, la fougerole, l'ail et même le
semen-contra, mais à plus petites doses. La camo-
mille, l'anis, la cannelle, l'angélique sont indiqués,
si les forces sont très-affoiblies et l'irritation inflam-
matoire peu prononcée. Enfin on ne négligera au-

cun des moyens que je viens de proposer comme préservatifs de cette maladie.

Si des complications graves rendent nécessaire un traitement plus actif, ce traitement doit être toujours subordonné à l'avis d'un médecin, qui peut quelquefois opposer avec succès aux complications ataxiques ou adynamiques, le camphre, l'opium, le quinquina, les vesicatoires, et autres moyens appropriés aux circonstances particulières que présentent quelques malades.

La dyssenterie, comme presque toutes les phlegmasies qui n'affectent pas d'abord le principe de notre existence, cédant à un traitement méthodique employé dès les premiers jours, il eut été sans doute possible de prévenir la contagion ; mais lorsque déjà de nombreuses victimes l'ont répandue aussi généralement qu'elle l'est aujourd'hui, on ne doit négliger aucun des soins propres à soustraire à sa funeste influence les personnes qui y sont exposées. Rappelons donc et ne cessons de redire combien importent à la santé un bon régime et la propreté des vêtemens qui doivent nous soustraire aux influences de l'atmosphère. Qu'auprès des malades l'air soit souvent renouvelé, sans les exposer au froid ; que leurs excrémens soient couverts de terre ; qu'ils aient des vases différens et qu'ils ne se servent point des mêmes canules pour les lavemens ; que personne ne couche dans les lits habités par des dyssenteriques, avant qu'ils aient été désinfeçtés par le gaz muriatique; que leurs vêtemens et leurs couvertures soient également désinfectés et passés à la lessive: il conviendroit même de ne pas en faire usage pendant l'épidémie. Enfin que les corps des malades, aussitôt après leur mort, soient soumis à l'action du gaz muriatique; qu'ils soient placés dans des appartemens inhabités et le plutôt possible transportés sur des voitures aux lieux ou ils devront être inhumés.

Procédé de M. GUYTON MORVEAU, *pour la désinfection de l'air.*

Prenez	Sel marin.	7 onces.	3 gros.
	Manganèse.	1 onces.	
	Eau	4 onces.	

Mêlez et exposez le tout à une douce chaleur.

Ajoutez à plusieurs fois, Acide sulfurique., 4 onces.

et placez successivement le vase dans les lieux infectés.

EAU DE RIZ.

Prenez	Riz lavé.	2 onces.
	Gomme arabique .	2 gros.

Après avoir fait bouillir, pendant une heure, dans une quantité suffisante d'eau, qui doit être réduite à deux pots, ajoutez et laissez infuser une demi-once de réglisse concassée.

DÉCOCTION BLANCHE.

Prenez	Gomme arabique .	2 gros.
	Mie de pain blanc.	4 onces.

Sucre . . . .   1 once.

Serpolet. . . . . .   1 pincée.

Eau , quantité suffisante.

Passer après avoir fait bouillir pendant une demi-heure et reduire à un pot.

BOUILLON DE VIANDE.

Prenez   Un poulet ou veau.   1 livre.

Mouton. . . . . .   2 livres.

Quelques oignons et des carottes.

Faites bouillir pendant cinq ou six heures, dans un vase couvert, avec une livre de croute de pain, 4 onces de riz et une once de sucre un peu roussi au feu. La quantité d'eau doit être telle qu'il reste trois pots de bouillon, que l'on pourra aromatiser.

La portion d'alimens et de boissons à donner aux malades adultes, convalescens ou légèrement affectés, sera une quantité suffisante d'eau de riz, 8 onces de décoction blanche, 8 onces de bouillon, 8 onces de pain blanc, une once de riz et quatre onces de vin rouge, qu'ils boiront à leurs repas, avec de l'eau de riz ; quelquefois un peu de viande.

J'ai lu le Mémoire de M. Bigeon *sur l'épidémie dyssenterique des environs de Dinan; il me paroît rédigé dans les bons principes et annonce un esprit observateur.*

A S.-Brieuc , le 17 Septembre 1815.

BESSON,   LA VERGNE ,
Médecin des épidémies.   *Médecin des épidémies.*

Extrait de l'instruction adressée aux Médecins des épidémies.

« Aussitôt que vous serez arrivé dans la commune affectée de la maladie, vous prendrez dans les maisons où elle règne, des renseignemens positifs sur la nature et sur les moyens employés jusqu'alors pour la combattre. — S'il se trouve un officier de santé dans le canton, vous lui laisserez les instructions convenables pour la direction des malades, et vous ne négligerez aucune des mesures qui vous paroîtront propres à arrêter les progrès du mal et à empêcher sa propagation dans les communes voisines. »

Messieurs les Médecins et Officiers de santé, qui, dans les communes où la dyssenterie s'est manifestée, ont bien voulu se charger de donner des soins aux indigens et de prendre connoissance des autres malades, sont :

M. Bodinier, *Docteur en Médecine,* *Secondé par* MM. Éloy, Morvan, Margelly,

Pour les cantons d'Évran, S.-Jouan, et les communes de Calorguen, S.-Carné et Tréveron.

M. Postel, *Docteur en Médecine,* *Secondé par* M. Vannier,

Pour la partie rurale du canton Est de Dinan.

M. Letulle, pour Ploubalay, et Créhen.

M. Gagon et la S.ʳ Claire, pour S.-Samson, Taden et Quévert.

J'invite les personnes qui ont des rapports avec les malades, spécialement MM. les Officiers de santé des diverses communes de l'arrondissement, à me communiquer leurs observations, afin que, conformément aux intentions bienveillantes du Roi, je seconde, autant qu'il me sera possible, leur zèle pour soulager les malheureux et s'opposer à la propagation des maladies. Lorsqu'elles sont contagieuses, le salut d'un village, quelquefois d'une commune entière, dépend des soins donnés aux premiers malades. Cette réflexion suffira sans doute, pour exciter la sollicitude des voisins, lorsque les malades eux-mêmes ou leurs parens se livreront à une sécurité dangereuse.

FIN.